けったいな生きもの

チョウとガ

ロナルド・オレンスタイン
トーマス・マレント 写真 ／ 北村雄一 訳

化学同人

WEIRD BUTTERFLIES & MOTHS
Text by Ronald Orenstein
Photography by Thomas Marent

Copyright © 2016 Firefly Books Ltd.

Published by arrangement with Firefly Books Ltd., Richmond Hill, Ontario Canada
through Tuttle-Mori Agency, Inc., Tokyo

はじめに

　私はチョウが好きです。みなさんはいかがですか。この本はチョウとガの本です。ガはチョウよりも気味悪がられるものです。ガには、血を吸うもの、かじるもの、口をもたないものもいます。とても小さなガも大きなガもいますし、はねをもたないガもいます。超音波を出すガもいます（えさを探すコウモリの音波をさまたげるためです）。甲虫やハチに見えるガもいます。なかには鳥のフンに見えるガの幼虫もいます（47ページ）。

　チョウがガの一種であることは知っていましたか？　20万種におよぶガのうち、チョウとよばれるのはわずか1万7500種にすぎません。チョウは花を訪れてみつを吸います。花が出現して以来、チョウは何千万年もそうしてきました。しかし、ガの歴史はもっと長く、おそらく2億3000万年ほど前からいます。

　チョウもガも昆虫ですので、6本の足をもっています。成虫は、前ばね、後ろばねの2組のはねをもちます。はねは色のついた鱗のようなものでおおわれています。多くのガやチョウは何かを飲むときにコイルのように丸まった口（吻管）をのばします。そして、大きな複眼と1対の触角をもちます。触角はチョウとガを区別する手がかりになります。チョウの触角は先っちょが小さなこぶになっているのです。

　チョウとガは、卵から、イモムシ、サナギとなって、成虫になります。多くのイモムシは葉っぱを食べますが、花を食べるものや、肉食のものもいますよ。

　チョウのなかには、長いきょりを旅するものがいます。オオカバマダラは、太陽の位置から方角を知ります。朝は太陽が東にあるので、太陽から90度の向きが南北です。お昼の12時だと太陽のある方角が南で反対が北です。このように太陽から南北を知るには時計も必要です。オオカバマダラの時計は触角にあります。

　オオカバマダラのイモムシはトウワタを食べます。この植物には毒がありますが、オオカバマダラはその毒を体にたくわえます。敵はそれを知っているのでオオカバマダラを食べません。ところが、毒もないのにオオカバマダラに似たチョウがいます。カバイロイチモンジはオオカバマダラそっくりなので、敵に食べられません。熱帯アメリカにいるトンボマダラ（16～17ページ）は200種類もなかまがいますが、毒があるらしく、おたがいにまねしあってそっくりです。

　チョウとガのすみかは、畑にされたり、木が切られたり、鉱山や町が作られたりして、どんどん減っています。最近は気候変動にも直面しています。チョウとガは助けを必要としているのです。

　庭をチョウの園に変えてみませんか。庭にチョウが好きな花を植えるのです。アメリカではオオカバマダラのためにトウワタのタネを売っています。トウワタは、幼虫が食べるだけでなく、成虫がみつを吸う花でもあります。庭や学校に植えたトウワタが、旅の途中のオオカバマダラの休けい場所になるのです。みんなで見つけたチョウやガを報告するサイトもありますよ。チョウやガのためにできることはいろいろあるのです。

もくじ

オオカバマダラ

Danaus plexippus

わたしは、はねを広げると11セ
ンチあります。夏の終わりにアメ
リカから南へ飛び、メキシコやカ
リフォルニアへわたります。写真
は、メキシコにあるわたしたちの
保護区の森。**冬をこすためになか
まが集まっています**。悲しいこと
に、違法な業者がこの森の半分を
切ってしまいました。幼虫が食べ
るトウワタの草も少なくなり、わ
たしたちの数はずいぶん減ってる
んです…

アカエリトリバネアゲハ

Trogonoptera brookiana

おいらたちは、熱帯アジアから
オーストラリアにすむ大きなチョ
ウの一族で、**はねを広げると 28
センチになるなかまもいるよ**。東
南アジアにいるおいらも、15 セ
ンチはあるよ。メスは高く飛ぶの
でなかなか見られないけど、おい
らたちオスはミネラルを吸いに地
上へおりる。だから、ミネラルが
多い泉や土地のまわりに行けば会
えるかもしれないよ。

ヒメシジミのなかま

Polyommatus dorylas

ぼくは**とても小さいチョウ**で、はねを広げても3センチぐらい。ヨーロッパにすんでいるよ。花がいっぱいさいている草原が好きです。写真で見えていないはねの表が青いんだ。世界でいちばん小さいチョウはコビトシジミさん。北アメリカから南アメリカ北部にいて、はねを広げても1.25センチしかないんだ。でも、ガのなかまには2.5ミリしかないのもいるんだって。

イシガケチョウのなかま

Cyrestis nivea

はねが地図みたいでしょ。英語では「マップウイング」っていうんだ。なかまはアフリカと熱帯アジアにいるけど、ぼくは東南アジアのジャングルにすんでるよ。ぼくたちオスは、湿った地面に降りて水を吸い、ミネラルや塩をとるんだ。ふつうチョウはとまるとき、はねをたたむけど、ぼくたちは平らに広げるよ。大きさは4センチくらい。じっとしているときは、ずっとこうしてるんだ。

トリバネガのなかま

Pterophorus pentadactyla

わたしのはね、**鳥のはねのように見えませんか**。わたしは、なかまのうちではいちばん大きいのですが、はねを広げて４センチしかありません。わたしのなかまの多くは、何かにとまるとき、はねを棒みたいに丸めます。それをぴんと横にのばすので、まるで小さな飛行機みたいですよ。

モルフォチョウのなかま

Morpho helenor

オレは南アメリカにすんでいる。大きさは 11 センチくらい。オレのはねの裏にある目玉もよう、すごいだろ。チョウやガのはねは小さなうろこでおおわれていて、屋根のかわらみたいに折り重なっている。それがもようを作ってるんだ。目玉もようをもつチョウはたくさんいるぞ。鳥がこわがるからな。おれも**目玉もようで小鳥を追いはらってるんだ**。はねの表は、ぴかぴか光る青色だぜ。

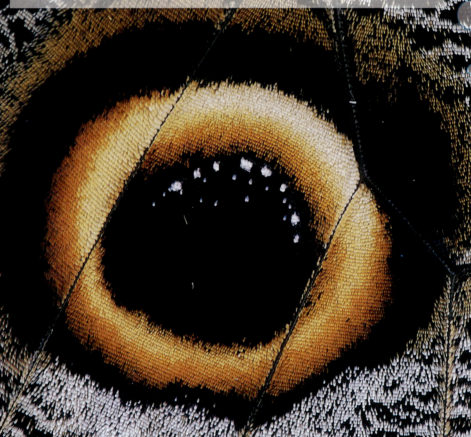

フクロウチョウのなかま

Caligo eurilochus

わしは南アメリカの大きなチョウで、羽を広げると 18 センチもある。そのはねには**フクロウのような目玉もようがある**。目玉もように白い点々があって、本物の目みたいじゃろ。この白い点々が紫外線を反射する。**君らは紫外線を見られないが、鳥には見えるからギラギラと感じるんじゃ**。鳥たちは目玉もようのついたチョウをこわがるが、白い点々があるとさらにこわがるんじゃ。

アケボノスカシジャノメ

Cithaerias pireta

わたしは熱帯アメリカにすんでいるチョウで、はねを広げると 4.5 センチくらい。ふつう、チョウやガのはねには、「鱗粉」っていうウロコみたいなものがついてるけど、わたしのはねには鱗粉がほとんどないよ。だから、はねが透明なんだ。目玉もようは鱗粉でできてるけどね。でも、はねの黒い帯は、鱗粉じゃなくて、はね自体に色がついてるんだよ。

15

トンボマダラのなかま

Ithomia arduinna arduinna

わたしたちは夫婦。左がオスのわたしです。**わたしのはねの真ん中に黒いもようがあるでしょ。**これは、アンドロコニアといいます。ここで、**メスを引きつけるニオイを作ってばらまくんです。**ふふふ。わたしたちは熱帯アメリカの森にいます。はねを広げた大きさは 4.5 センチくらいですけど、はねには透明な部分もあるので、うす暗い森で見つけるのはたいへんですよ。

ミツオシジミタテハ

Helicopis cupido

あたいは、南アメリカ北部の森にすんでる、はねを広げて4センチくらいのチョウよ。**はねに長いしっぽがあるでしょ**。このしっぽは、結婚相手を見つけるときに役立つの。鳥をだます役目もあるわ。**鳥は頭じゃなくて、めだつしっぽにかみついちゃうの**。その間ににげちゃおうってわけ。子どものイモムシは、丸めた大きな葉っぱの中で20ぴき以上がいっしょに暮らすのよ。

イザベラミズアオ

Graellsia isabellae

わたしはスペインの松林にいるガよ。なかまがフランスやスイスにもいるの。はねを広げると11センチあるわ。**メスにはないけど、オスには長いしっぽがあって、それでコウモリをよけるの。**コウモリは、超音波を出してはね返ってきた音波をキャッチしてガの位置をつきとめるの。でも、しっぽが音波をはね返すと、コウモリはしっぽをおそってしまうわけ。その間ににげるのよ。

マダガスカルオナガヤママユ

Argema mittrei

おれはマダガスカル島にいるぜ。はねを広げた大きさは15センチで、**しっぽの長さも15センチあるぜ**。メスのしっぽはもっと太くて短いがな。めずらしいから、おれを育てる人間もいるぜ。おれたちを売ったり、まゆから絹糸をとって売ったりしてるぜ。おれがすむ場所は雨が多い。だから、まゆは穴だらけで、水がたまらないようになってる。サナギがおぼれることもないんだぜ。

ヤママユガのなかま

Dirphia sp.

わたしはエクアドルの高い山、きりのかかる森にいる。多くのガの体はぶ厚い毛におおわれている。寒い夜に体を温めてくれるのさ。チョウとちがってガの触角は先っちょがふくらんでいない。その代わり、羽毛みたいになっていることが多いんだ。それで、**風の中にあるいろいろなにおい、たとえば、結婚相手や、おめあての植物や、卵をうむ場所のにおいを感じるんだ。**

21

エクアドルのガ

多くのチョウは美しい色で結婚相手を引きつける。でも色は暗い夜には使えない。ぼくたちガは、**化学物質で結婚相手をひきよせる。** メスのガが出したフェロモンという化学物質を、オスは感じることができるんだ。遠くからただよってきたほんのわずかなフェロモンでも、大きな羽毛のような触角で気がつく。そしてにおいをたどって、メスが待つ場所まで飛んでいくんだ。

23

ヨナクニサン

Attacus atlas

おれは、中国や東南アジア、日本では与那国島などにいる。大きい
のは 25 センチもある。世界でもっとも大きなガのひとつだ。おれ
の触角、羽毛みたいだろ。**この触角で、30 キロ以上はなれたメスも、**
フェロモンで探し当てる。 メスの触角は小さいぞ。おれは物を食べ
ることができないので、2 週間ぐらいしか生きられない。腹ぺこで
死ぬ前に結婚相手を見つけなきゃならないんだ。

ヒロバカレハ

Gastropacha quercifolia

見つかると食べられてまうから、ガはかくれるのがうまいんや。周りにまぎれる色やもようをもっとったり、変装がとくいで、小枝や葉っぱや鳥のフンに見えたりすんねん。わては、物にまぎれこむ名人や。写真は、地面に降りてはねをたたんでいるところやけど、**枯れ葉に見えへんか？**大きさははねを広げて 7.5 センチくらいで、ヨーロッパやアジアにすんどるで。

25

コケイロタテハ

Hamadryas feronia

ぼくたちは熱帯アメリカにいます。写真みたいに頭を下にして、**木の幹に止まります**。6センチくらいあるけど、**こうするとめだたないんだ**。年をとって色が変わっても自分の色と同じ色の場所にとまります。でも、オスは白い木にとまることがあるよ。わざとめだたせて、メスに自分を見せびらかすんだ。そしてメスが来ると追っかけちゃう。飛ぶときにカチカチと音がするよ。

メダマチョウのなかま

Taenaris catops

あたくしはニューギニアのジャングルにいて、森の低い場所を飛ぶわ。はねを広げると 10 センチもあるの。お食事はソテツの汁よ。ソテツは古代植物の生き残りで、汁に毒があるの。あたくしたちはソテツの毒を体内にたくわえちゃうわよ。そして、**後ろばねの大きな目玉で、「あたくしには毒があるわよ」とアピールしているのよ。**

モンシロチョウのなかま

Anteos clorinde

飛んでるぼくを見つけるのは簡単さ。はねの表が白で、前ばねにめだつ黄色の点々があるからね。この点々は紫外線（しがいせん）を反射するから、チョウから見るともっとよくめだつよ。でも、地面に降りてはねをたたむと見つけにくくなるんだ。**はねの裏側が緑の葉っぱみたいだからね**。大きさは８センチほどあるよ。アメリカのテキサス州南部からアルゼンチンまですんでいるよ。

ヒトリガのなかま

Alytarchia leonina

ねぐらでみんないっしょに過ごすガやチョウを知ってるか？　アフリカのタンザニアの写真に写ってる大きさ5センチのおれたちもそう。おれたちの体は毒でいっぱいだから、派手な色で敵に警告するんだ。英語では「トラもようのガ」って呼ばれてる。**それでも敵がせめてきたら、いっせいに飛び立つぞ。すると雲みたいになって、敵がびっくりするから、**その間ににげるんだ。

スキバホウジャクのなかま

Hemaris tityus

ハナバチに見えない？ 大きさも 4.5 センチで同じだし、飛び方もそっくりよ。ほかのガで、スズメバチに見えるガもいるわ。わたしたちは刺したりしないけど、**見た目も動きも刺す虫にそっくりなの**。そうやって鳥たちをだますのよ。鳥たちは、「これは刺す虫だ！」とだまされて、手を出してこないわ。

ホウジャク

Macroglossum stellatarum

あたいは**ハチドリそっくりのスズメガ**。大きさは 4.5 センチくらい。お昼、ブンブン羽ばたいて、花の前で空中静止。口をのばしてみつを吸ってるの。でも、**ハチドリのまねをしているわけじゃないのよ。**ハチドリはアメリカにいる鳥だけど、あたいはハチドリのいないヨーロッパから日本にいるからね。生活スタイルが同じだから、同じ姿になったのよ。おもしろいでしょ。

33

オオカバマダラのなかま

Tellervo zoilus

おれは、白黒もようのはねと黄色い目をした 4 センチくらいのチョウさ。オーストラリアのクイーンズランドのジャングルでふつうに飛んでいるぜ。オスは日だまりに集まって、メスにアピールするのさ。おれたちはオオカバマダラのなかまで、毒をもってるぜ。**オーストラリアには、おれたちにそっくりなやつもいる**。毒があるおれたちだと敵に思わせているんだろうな。それもありかな。

ヒューイットソンボカシタテハ

Euphaedra hewitsoni

熱帯のチョウの多くは、花に集まらないって知ってた？果物を食べるんだ。わたしは、アフリカで**落ちたイチジクなんかを食べてる**7センチくらいのチョウよ。花のみつの栄養は糖分だけだけど、果物にはタンパク質もふくまれてる。おかげでわたしは、**10ヶ月も生きられるんだ**。花のみつを吸うだけのチョウよりずっと長生きよ。それに、たくさん卵をうむこともできるの。

キサントパンスズメ

Xanthopan morganii praedicta

1862 年、進化論で有名なダーウィンは、マダガスカルの変なラン
を手に入れた。花に 30 センチの筒があり、その奥にみつがある。
ダーウィンは、このみつを吸う長い口のガがきっといると考えた。
彼が亡くなって 20 年後、実際にそのガが見つかった。大きさは 20
センチで、口の長さが 30 センチ。ダーウィンの予想は正しかった。
だから「ダーウィンモス」とも呼ばれる。これがオレの物語さ。

タイのチョウ

ここはタイ。ぼくたちは集まって地面の水を吸い、塩分をとっている。ジャングルでよくあることさ。左から紹介すると、シロサカハチシジミ（*Caleta roxus*）、カクモンシジミ（*Leptotes plinius*）、タイワンスジグロシロチョウ（*Cepora nerissa dapha*）5羽、ムモンキチョウ（*Gandaca harina*）、アオスジアゲハのなかま（*Graphium sp*）、キシタウスキシロチョウ（*Catopsilia scylla*）、キチョウ（*Eurema hecabe*）。小さいのは2センチ、大きいのは7センチくらいかな。吸った塩はメスへのおくり物にもするよ。

ウラモジタテハのなかま（手前）とウラスジタテハのなかま（後ろ）

Diaethria marchalii と *Perisama humboldtli*

ペルーで水を吸っているぼくたち。はねを広げた大きさは4センチくらい。黄色いチョウは友だちで、手前の白いチョウがぼく。**ぼくのはねには、数字の88みたいなもようがあるでしょ。**英語では「88バタフライ」っていわれてる。人間さんのあせを吸うこともあるよ。

シロスジタイマイのなかま

Eurytides orabilis

ほら、水を飲みながら、**後ろにいきおいよくおしっこしているぞ**。ジャングルで水を飲んでいるチョウは、のどがかわいているわけじゃないんだ。ほしいのは塩さ。でも、水にふくまれる塩はごくわずかだから、必要な塩を手に入れるには、たくさん水を飲まなければならない。だから、水を飲みながらおしっこをするのさ。大きさは、はねを広げると8〜9センチくらいかな。

モンシロチョウのなかまの卵

Pieris bryoniae

チョウの卵にはいろんな形や大きさがあるでちゅ。わたしは、**タテにすじが入ってるから「たる」みたいでちょ**。色はオレンジやピンクでちゅ。この色は、ほかのチョウのお母さんに、ここにはもう卵があるから、卵をうまないでねと知らせてるでちゅ。わたしは大きくなると、モンシロチョウによく似た4センチくらいのチョウになりまちゅ。ヨーロッパなどの高い山にすんでまちゅ。

アカマダラ

Araschnia levana

あたしはヨーロッパ、アジア、日本にもいる 3 〜 5 センチのチョウよ。あたしの子どものイモムシはイラクサしか食べないの。だから見て！イラクサの葉の裏に、**卵をくさりみたいにつなげてうんでるでしょ**。イラクサの花もちょうどこんな感じで、小さな花がつながって、たれ下がって咲くの。もしかしたら敵は、あたしの卵を見て、「イラクサの花だ、食べ物じゃない」と思ってるのかも。

43

オオクジャクヤママユ
の幼虫

Saturnia pyri

虫には6本以上足がないことは知ってるよね。左の写真はイモムシのボクのお腹にある足……ではなく、実は本物の足じゃない。本物とちがって、**液体をおしこんでふくらませて動かすものなんだ**。右の写真は頭だよ。水色のコブがあって、黒い毛が生えてるでしょ。いざとなると、この毛から毒を出すんだ。また、敵に手を出されると、高い声でチーチーと鳴くよ。あごをすりあわせて出す音で、「ボクには毒があるぞ！」と知らせてるんだ。

コケイロタテハの幼虫

Hamadryas feronia

おいらは 26 ページに登場したコケイロタテハのイモムシ。大きさは 3 センチくらいさ。手を出されると、写真のように**頭の後ろにあるトゲを相手につき出すぞ**。おいらたちは、みんなで集まって同じ葉っぱを食べるんだ。でも、成長するにつれてなかまが減っちまう。敵に手を出されるとあわててはい回るんだけど、そのとき、なかまのイモムシを葉っぱから落としちまうからなんだ。

シロケンモンのなかまの幼虫

Acronicta alni

わたし、はじめは左の写真のように**鳥のフンみたいなの**。大きさは 3 ～ 4 セン
チくらいね。だから、敵も食べようとは思わないのね。でも、大きくなると、サ
ナギになる場所を探してあちこち動かなくちゃいけないの。鳥のフンは動いたり
しないから、**フンのまま動いたら敵にばれちゃう**。だから、右の写真のように派
手になるの。こんどは、わたしはまずいぞって敵に知らせてるのよ。

オオミズアオのなかまの幼虫

Actias dubernardi

わしは松の葉を食べるイモムシじゃ。**体が白い線で区切られているから、鳥はわしの体を松の葉とかんちがいしてくれるぞ。**わしは、6週間で成長し、まゆを作る。そして、まゆの中で2～3ヶ月過ごし、大人になるのじゃ。わしは6センチほどだが、大人ははねを広げると9センチある。ピンクと明るい緑色で、はねには長いしっぽがついておるが、ほんの数日しか生きられないんじゃ。

トラフトンボマダラ の幼虫

Mechanitis polymnia

ぼくらは熱帯アメリカにいるっす。変わった方法でアリから身を守ってるっす。**ぼくらイモムシがもっている化学物質は、食べている葉っぱの化学物質とそっくりなんす。**アリは化学物質を手がかりにえものを探すので、葉っぱとよく似た化学物質をもつぼくらのことを、葉っぱだと思ってしまうんす。なんと、ぼくらの上を歩いても、イモムシだと気づかないんっす。

アゲハチョウのなかまの幼虫

Papilio sp.

ぼくはマレーシアにすむアゲハチョウのイモムシ。こちらをじっと見ているみたいって？　違うよ、これはただの目玉もよう。しかも背中だよ。本物の頭は小さくて黒いんだ。写真で下に少しだけ見えてるよ。本物の目はちっちゃな点さ。今、ぼくは体をふくらませてるから、目玉もようがますます大きく見えてる。ヘビみたいだろ。こうして鳥を追いはらってるのさ。

マダガスカルトゲマユ
カレハのなかまの幼虫

Borocera sp.

多くのイモムシがまゆを作る。絹はカイコのまゆから取り出した糸だ。ほかにもいろんなガのまゆから糸が取れる。わがはいはボロケラ属のカレハガで、大きなイモムシは12センチある。**マダガスカルの人は、わがはいのまゆから糸を取る。**その糸で作った服を死んだ人に着せ、お墓にうめる。これは何百年も昔から行われてきたのだ。サナギは、大人気の食べ物にもなっておるぞ。

モクメシャチホコの幼虫

Cerura vinula

わたし、おどかされると、体の前を持ち上げて頭を引っこめるの。**ピンクの顔に目がついたみたいになってるでしょ**。さらに、**2本のしっぽを持ち上げて、赤い先っちょをサッサッと振るのよ**。このおどしが相手に通じないと、頭の下から痛い酸性の液体をふき出すわ。それでも鳥には食べられちゃうけど、寄生バチや寄生バエにはきくみたいね。

ブラジルのガの幼虫

イモムシにはたくさんの敵がいるのだ。だから身を守らなくてはならぬ。多くのガのイモムシは毒針で体を守っている。毒針は注射の針のようになっていて、皮ふに刺さると、毒が打ち込まれるのだ。刺すイモムシはたいてい明るい色をしているな。敵に対して、「近寄るな、私はあぶないんだぞ！」と知らせているのだ。

ペルーのガの幼虫

熱帯にすむイモムシの多くは毒針で体をおおわれてるわ。刺_さされるとかゆくなるものや、痛いものや、いろいろよ。ものによっては非常に危険で、人が死んでしまうこともあるわ。あたいはペルーにいるイモムシだけど、どんなガの幼虫だか知らないの。だから、針がどのぐらい危険かもわからないの。色からするといかにも、「私にさわるな、痛いぞ！」っていってるみたいだけどね。

57

メダマヤママユのなかまの幼虫

Automeris sp.

ぼくはペルーにいるメダマヤママユのなかま。メダマヤママユのなかまは200種くらいで、イモムシはどれも**色あざやかで、毒針をもってるよ**。多くは熱帯アメリカにすんでるけど、北アメリカにもイオメダマヤママユという親せきがいるんだ。イオメダマヤママユに刺されると、かゆくなる程度の人もいれば、とんでもなく痛く感じることもあるみたい。

サザンフランネルモスのなかまの幼虫

Family Megalopygidae

ボクちゃんはちょっかいを出されると、毛皮をふくらませて、ふわっとした感じになるぞ。でもさわっちゃいけないぞ！　**このふわふわの中に鋭い毒針がかくれていて、これが刺さるととっても痛いんだぞ**。ボクちゃんのなかまの多くは熱帯アメリカにいる。7.5センチもあるイモムシもいるぞ。アメリカ合衆国にも何種類かとても危ないなかまがすみついてるから気をつけなよ。

59

イラガのなかまの幼虫

Family Limacodidae

オレ様は、ニューギニアにいるイラガのなかま。ほかのイモムシとちがって、**ナメクジみたいにすべるようにすーっと動くぞ**。イラガのイモムシの多くはとっても派手だ。「オレ様たちは毒針で武装しているぞ！」といってるのさ。北アメリカにいるなかまのイモムシの毒は、人間の大人を寝こませてしまうほどだぞ。

テレマクスモルフォチョウの幼虫

Morpho telemachus

あたしは南アメリカにいる 10 センチくらいのイモムシ。大人はき
れいなチョウだけど、あたしはトマトがくさったようないやなにお
いを出すわ。**さわられると、体を持ち上げて、頭を左右にふるわよ。**
相手をトゲで刺そうとしてるみたいでしょ。でも心配ないわよ。そ
ういうふりをしてるだけで、**実はこのトゲのかたまりは無害なの。**
相手が「これは毒ガの幼虫だ！」と思ったらしめたものだわ。

ミドリシジミのなかまの幼虫

Hypolycaena erylus teatus

ぼくは熱帯アジアにすむ2センチくらいのミドリシジミのイモムシ。ぼ

トラフトンボマダラ
のサナギ

Mechanitis polymnia

わたしたちはトラフトンボマ
ダラのサナギ。サナギの中で、
50〜51ページのイモムシが
ゆっくり大人になっていくの
よ。チョウの多くはまゆを作ら
ず、サナギがそのまま見えるわ。
みごとな金色でしょう。

オオカバマダラのサナギ

Danaus plexippus

あたたかい南で冬をこしたお母さんがうんだ卵は4日でイモムシになるよ。イモムシは2週間後にサナギになり、サナギは10〜14日後にあたしのように大人のチョウになるんだ。あたしたちは北へわたり、あたしの子どもも、その子どもも、その子どもも北へわたり、**4代目で最北にたどり着くのさ**。この4代目が、冬の前に南へ一気にわたり、冬をこしたあと卵をうむ。これをくり返すんだ。

この本に出てくるチョウとガ

ページ	和 名	学 名	英語名（意味）	生息地
6, 65	オオカバマダラ	*Danaus plexippus*	Monarch（帝王のようなチョウ）	カナダからメキシコ
8	アカエリトリバネアゲハ	*Trogonoptera brookiana*	Rajah Brooke's Bird Wing（ブルック王のトリバネアゲハ）	東南アジアからオーストラリア
10	ヒメシジミのなかま	*Polyommatus dorylas*	Turquoise Blue（トルコ石の青）	ヨーロッパ
11	イシガケチョウのなかま	*Cyrestis nivea*	Straight-Line Mapwing（直線を引いた地図のようなはね）	アフリカと熱帯アジア
12	トリバネガのなかま	*Pterophorus pentadactyla*	White Plume Moth（白い羽毛のガ）	ヨーロッパ
13	モルフォチョウのなかま	*Morpho helenor*	Common Morpho（ふつうのモルフォチョウ）	熱帯アメリカ
14	フクロウチョウのなかま	*Caligo eurilochus*	Forest Giant Owl（森の大きなフクロウ）	熱帯アメリカ
15	アケボノスカシジャノメ	*Cithaerias pireta*	Pink-Tipped Glasswing Satyr（先がピンク色のガラスのはねをもつお酒の神）	熱帯アメリカ
16	トンボマダラのなかま	*Ithomia arduinna arduinna*	D'Almeida's Glasswing（ダルメイダさんのガラスのはね）	熱帯アメリカ
18	ミツオシジミタテハ	*Helicopis cupido*	Spangled Cupid（きらきら衣装の恋の神様）	南アメリカ
19	イザベラミズアオ	*Graellsia isabellae*	Spanish Moon Moth（スペインの月のガ）	ヨーロッパ
20	マダガスカルオナガヤママユ	*Argema mittrei*	Comet Moth（彗星のように尾を引くガ）	マダガスカル
21	ヤママユガのなかま	*Dirphia* sp.	Dirphia Moth（ディルフィア属のガ）	エクアドル
22, 23	エクアドルのガ	※	※	エクアドル
24	ヨナクニサン	*Attacus atlas*	Atlas Moth（地球を支える巨人アトラスのガ）	中国、東南アジア、日本の与那国島など
25	ヒロバカレハ	*Gastropacha quercifolia*	Lappet Moth（垂れ布をもつガ）	ヨーロッパからアジア
26, 46	コケイロタテハ	*Hamadryas feronia*	Variable Cracker（色が変わるカチカチ音をたてるやつ）	熱帯アメリカ
27	メダマチョウのなかま	*Taenaris catops*	Silky Owl（絹のようなフクロウ）	ニューギニア
28	モンシロチョウのなかま	*Anteos clorinde*	White-Angled Sulphur（白い角のあるイオウ）	北アメリカから南アメリカ
30	ヒトリガのなかま	*Alytarchia leonina*	African Tiger Moth（アフリカのトラもようのガ）	アフリカ
32	スキバホウジャクのなかま	*Hemaris tityus*	Narrow-Bordered Bee Hawkmoth（狭いふちどりがあるハナバチみたいなスズメガ）	ヨーロッパからアジア
33	ホウジャク	*Macroglossum stellatarum*	Humming Bird Hawk Moth（ハチドリみたいなスズメガ）	北アフリカ、ヨーロッパからアジア、日本
34	オオカバマダラのなかま	*Tellervo zoilus*	Hamadryad（ギリシャ神話の木の精）	オーストラリア
35	ヒューイットソンボカシタテハ	*Euphaedra hewitsoni*	Hewitson's Pink Forester（ヒューイットソンさんのピンクの森の人）	アフリカ
36	キサントパンスズメ	*Xanthopan morganii praedicta*	Darwin's Moth（ダーウィンさんのガ）	マダガスカル
38	シロサカハチシジミ	*Caleta roxus*	Straight Pierrot（まっすぐもようの入ったピエロ）	東南アジア
38	カクモンシジミ	*Leptotes plinius*	Zebra Blue（しまもようの青いやつ）	東南アジア

「※」は特定できない・特記できないものなど

ページ	和名	学名	英語名（意味）	生息地
38	タイワンスジグロシロチョウ	*Cepora nerissa dapha*	Common Gulls（よくいるカモメ）	東南アジア
38	ムモンキチョウ	*Gandaca harina*	Tree Yellow（木にいる黄色いやつ）	東南アジア
39	アオスジアゲハのなかま	*Graphium* sp.	Jay（アオカケス）	東南アジア
39	キシタウスキシロチョウ	*Catopsilia scylla*	Orange Emigrant（オレンジ色のわたり鳥）	東南アジア
39	キチョウ	*Eurema hecabe*	Common Grass Yellow（よくいる草原の黄色いやつ）	東南アジアから日本
40	ウラモジタテハのなかま	*Diaethria marchalii*	88 Butterfly（数字の88もようのチョウ）	熱帯アメリカ
40	ウラスジタテハのなかま	*Perisama humboldtii*	Humboldt's Perisama（フンボルトさんのペリサーマ属）	熱帯アメリカ
41	シロスジタイマイのなかま	*Eurytides orabilis*	Thick-Edged Kite-Swallowtail（縁が濃いたこみたいなアゲハチョウ）	熱帯アメリカ
42	モンシロチョウのなかま	*Pieris bryoniae*	Mountain Green-Veined White（山にいる緑っぽい灰色のすじがあるモンシロチョウ）	ヨーロッパやコーカサス地方など
43	アカマダラ	*Araschnia levana*	Map Butterfly（地図のようなチョウ）	ヨーロッパから日本
44,45	オオクジャクヤママユ	*Saturnia pyri*	Giant Peacock Moth（大きなクジャクのようなもようをもつガ）	ヨーロッパから西アジア
47	シロケンモンのなかま	*Acronicta alni*	Alder Moth（ハンノキのガ）	ヨーロッパ
48	オオミズアオのなかま	*Actias dubernardi*	Chinese Moon Moth（中国の月のガ）	中国
50, 64	トラフトンボマダラ	*Mechanitis polymnia*	Orange-Spotted Tiger Clear Wing（オレンジのトラまだらで透明なはね）	熱帯アメリカ
52	アゲハチョウのなかま	*Papilio* sp.	Malaysian Swallowtail（マレーシアのアゲハチョウ）	（この属は全世界にいる）
53	マダガスカルトゲマユカレハのなかま	*Borocera* sp.	Madagascar Silk Moth（マダガスカルの絹をつむぐガ）	マダガスカル
54	モクメシャチホコ	*Cerura vinula*	Puss Moth（子ネコのようなガ）	ヨーロッパから中央アジア、中国、日本
56	ブラジルのガ	※	※	ブラジル
57	ペルーのガ	※	※	ペルー
58	メダマヤママユのなかま	*Automeris* sp.	※	熱帯アメリカから北アメリカ
59	サザンフランネルモスのなかま	Megalopygidae 科	※	熱帯アメリカから北アメリカ
60	イラガのなかま	Limacodidae 科	※	東南アジア
62	テレマクスモルフォチョウ	*Morpho telemachus*	Telemachus Morpho（テレマクス種のモルフォチョウ）	熱帯アメリカ
63	ミドリシジミのなかま	*Hypolycaena erylus teatus*	Common Tit（ふつうにいるシジュウカラみたいなやつ）	東南アジア

■著者

ロナルド・オレンスタイン（Ronald Orenstein）

カナダのトロント在住の動物学者。

トーマス・マレント（Thomas Marent）

スイス生まれの写真家。日本で刊行されている写真集に、『蝶』（ネコ・パブリッシング）、『世界の美しいカエル』(宝島社)、『熱帯雨林の世界』(緑書房)などがある。

■訳者

北村 雄一（きたむら ゆういち）

サイエンスライター兼イラストレーター。恐竜、進化、系統学、深海生物などのテーマに関する作品をおもに手がける。日本大学農獣医学部卒。著書に『深海生物ファイル』（ネコ・パブリッシング）、『ありえない!? 生物進化論』（サイエンス・アイ新書）、『謎の絶滅動物たち』（大和書房）などがある。『ダーウィン「種の起源」を読む』（化学同人）で科学ジャーナリスト大賞2009を受賞。

けったいな生きもの
きもかわ チョウとガ

2017年12月25日　第1刷　発行

訳　者　北村　雄一
発行者　曽根　良介
発行所　（株）化学同人

検印廃止

JCOPY 〈社〉出版者著作権管理機構委託出版物

本書の無断複写は著作権法上での例外を除き禁じられています。複写される場合は、そのつど事前に、〈社〉出版者著作権管理機構（電話 03-3513-6969、FAX 03-3513-6979、e-mail: info@jcopy.or.jp）の許諾を得てください。

本書のコピー、スキャン、デジタル化などの無断複製は著作権法上での例外を除き禁じられています。本書を代行業者などの第三者に依頼してスキャンやデジタル化することは、たとえ個人や家庭内の利用でも著作権法違反です。

〒600-8074 京都市下京区仏光寺通柳馬場西入ル
編集部 TEL 075-352-3711 FAX 075-352-0371
営業部 TEL 075-352-3373 FAX 075-351-8301
振　替　01010-7-5702
E-mail　webmaster@kagakudojin.co.jp
URL　https://www.kagakudojin.co.jp

印刷・製本　（株）シナノパブリッシングプレス